SITZUNGSBERICHTE DER SÄCHSISCHEN AKADEMIE
DER WISSENSCHAFTEN ZU LEIPZIG

Mathematisch-naturwissenschaftliche Klasse
Band 121 · Heft 5

BENNO PARTHIER

STICKSTOFF-BINDUNG IN WURZELKNÖLLCHEN — 100 JAHRE NACH IHRER ENTDECKUNG

mit 17 Abbildungen und 4 Tabellen

AKADEMIE-VERLAG BERLIN
1989

Vorgetragen in der Sitzung am 3. Juni 1988
Manuskript eingereicht am 14. Oktober 1988
Druckfertig erklärt am 11. August 1989

ISBN 3-05-500687-9
ISSN 0371-327X

Erschienen im Akademie-Verlag Berlin, Leipziger Straße 3—4, Berlin, DDR-1086

Printed in the German Democratic Republic
Lizenznummer: 202 · 100/382/89
Gesamtherstellung: VEB Druckhaus „Maxim Gorki", 7400 Altenburg
LSV 1345
Bestellnummer: 764 000 5 (2027/121/5)

00600

INHALT

1. Einleitung

Die Luft, die uns umgibt, und die wir ein- und wieder ausatmen, besteht zu 80% aus Distickstoff (N≡N). Dieses geruch- und geschmacklose, unsichtbare Gas, mit dem unser Körper nichts Rechtes anzufangen weiß und das uns deshalb als nichtsnützig erscheinen mag, soll der Ariadnefaden meines Vortrags sein, der durch das Labyrinth biologischer Komplexität führt.

In allen Bereichen der Natur, in denen die Evolution ihre Spuren hinterlassen hat, leben Organismen, die sich mit anderen Mitteln als der Mensch viel wirksamer an natürliche Gegebenheiten angepaßt haben und dabei Nischen für ihre Existenz fanden. So gibt es Mikroben, die dieses reaktionsträge Gas der Atmosphäre zu nutzen vermögen und durch diese Fähigkeit schließlich auch der menschlichen Gesellschaft Dienste erweisen. Voraussetzung dafür ist, daß der Mensch derartige Möglichkeiten entdeckt, erkennt, erforscht.

In diesem Jahre 1988 gibt es nun Anlaß, des hundertsten Jahrestages einer solchen Entdeckung zu gedenken, deren historische Bedeutung in Biologie und Landwirtschaft unbestritten ist und die vielleicht eines Nobelpreises würdig gewesen, wenn dieser zu jener Zeit schon verliehen worden wäre. Es handelt sich um Hermann HELLRIEGELS (Abb. 1) Beschreibung der Assimilation des Luftstickstoffs durch die in Wurzelknöllchen befindlichen Bakterien, die mit Leguminosenpflanzen in einer Symbiose leben (vgl. FRITSCHE 1986).

Eine Würdigung dieser Leistung HELLRIEGELS in den Sitzungen der Sächsischen Akademie der Wissenschaften zu Leipzig erscheint mir besonders gerechtfertigt, da HELLRIEGEL ein Kind Sachsens war. Im Jahre 1831 in Mausitz bei Pegau südlich von Leipzig geboren, besuchte der Bauernsohn die damalige Fürstenschule in Grimma, studierte in Tharandt Chemie und promovierte 1854 an der Leipziger Universität. Seine aufsehenerregenden Erfolge errang er allerdings im anhaltinischen Bernburg, aber das gehörte wohl im weiteren Sinne auch zum sächsischen Einzugsgebiet.

Ich möchte daher mit dem Thema meines heutigen Vortrags an diesem Orte eine postume Reverenz jenem Manne erweisen, dem die Ehre nicht vergönnt war, der Sächsischen Akademie der Wissenschaften als Mitglied anzugehören.

Abb. 1. Hermann HELLRIEGEL (1831–1895)

Einem wissenschaftshistorischen Exkurs im ersten Teil meines Vortrags folgt eine größerer, naturwissenschaftlicher zweiter Teil, der aus heutiger Sicht die Fortschritte in der Erforschung der biologischen Stickstoff-Assimilation zum Inhalt hat, was aus Zeitgründen nur in Grundrissen möglich sein wird. Schließlich soll sichtbar gemacht werden, welches Spektrum an naturwissenschaftlichen Erkenntnissen besonders in den jüngsten Jahren aus HELLRIEGELS Entdeckung hervorgegangen ist und welche Perspektiven, aber auch Grenzen sich aus heutiger Sicht erkennen lassen.

2. Hellriegel und seine historischen Experimente

Im Jahre 1882 gründete das Herzogtum Anhalt gemeinsam mit dem Verein der Deutschen Zuckerindustrie in Bernburg eine landwirtschaftliche Versuchsstation, als deren erster Direktor HELLRIEGEL berufen wurde. Mit kraftvoller Initiative baute er die Station zu einer damals hochmodernen Forschungsstätte aus, deren guter Ruf bald über die Grenzen der engeren Heimat drang. Zuvor hatte HELLRIEGEL einschlägige Erfahrungen beim Aufbau einer Versuchsstation für die Mark Brandenburg in Dahme sammeln können. Das Ergebnis wurde 1869 mit einer Professur belohnt. Da Preußen jedoch dem Vater dreier Kinder einen Pensionsanspruch nicht zugestehen mochte, nahm er im Jahre 1873, als Wanderlehrer, die Stellung eines Beirats für landwirtschaftliche Entwicklung in Sachsen-Anhalt an[1]) und schrieb ein wichtiges Buch über die naturwissenschaftlichen Grundlagen des Ackerbaues, worin er seine Überzeugung darlegte, daß die Landwirtschaft nur auf wissenschaftlicher Grundlage weiterentwickelt werden und mit größeren Erfolgen rechnen könne.

Diese Überzeugung HELLRIEGELS war wesentlichste Antriebskraft für die in Bernburg anlaufenden ausgedehnten Experimente über Nährstoffbedarf und Ertragshöhe von Kulturpflanzen, die mittels der von ihm entwickelten Sandkulturmethode zu quantitativen Aussagen über die Stickstoff-Ernährung der Pflanzen führte.

Schon in vorangegangenen Jahren hatte HELLRIEGEL über eigene Beobachtungen gegrübelt, die er mit „völliger Regellosigkeit im Verhalten der Leguminosen“ bezeichnete, im Vergleich zu den exakten Aussagen, die er nach Stickstoffdüngung von Getreide oder anderen Kulturpflanzen machen konnte. Besonders mit Erbsen- und Lupinen kamen er und sein Mitarbeiter Hermann WILFARTH (1853—1904) nach jahrelangen genauen analytischen Bestimmungen von Stickstoff-Bilanzen zu der Ansicht, daß Leguminosen die Luft als Stickstoffquelle nutzen und den Distickstoff mit Hilfe von Bakterien in den knöllchenartigen Gebilden an ihren Wurzeln assimilieren. Diese Erkenntnis trug HELLRIEGEL erstmals auf der 59. Versammlung der Deutschen Naturforscher und Ärzte 1886 in Berlin vor, wo seine mit Anschauungsmaterial unterstützten Ausführungen die Fachwelt beeindruckten.[2])

[1]) „... als Rathgeber der Regierung und der praktischen Landwirthschaft (Wanderlehrer) thätig zu sein.“ (ORTH 1896).

[2]) A. ORTH, in dessen Nachruf (1896) HELLRIEGEL als rhetorisches Talent, humorvoll, musikalisch und „in vollem Sinne des Wortes ein Gemüthsmensch“ charakterisiert wird, gibt darin auch einen Eindruck über das „außerordentliche Aufsehen“ der Mitteilung HELLRIEGELS auf dieser Versammlung wieder, der von A. MAYER (Wage-

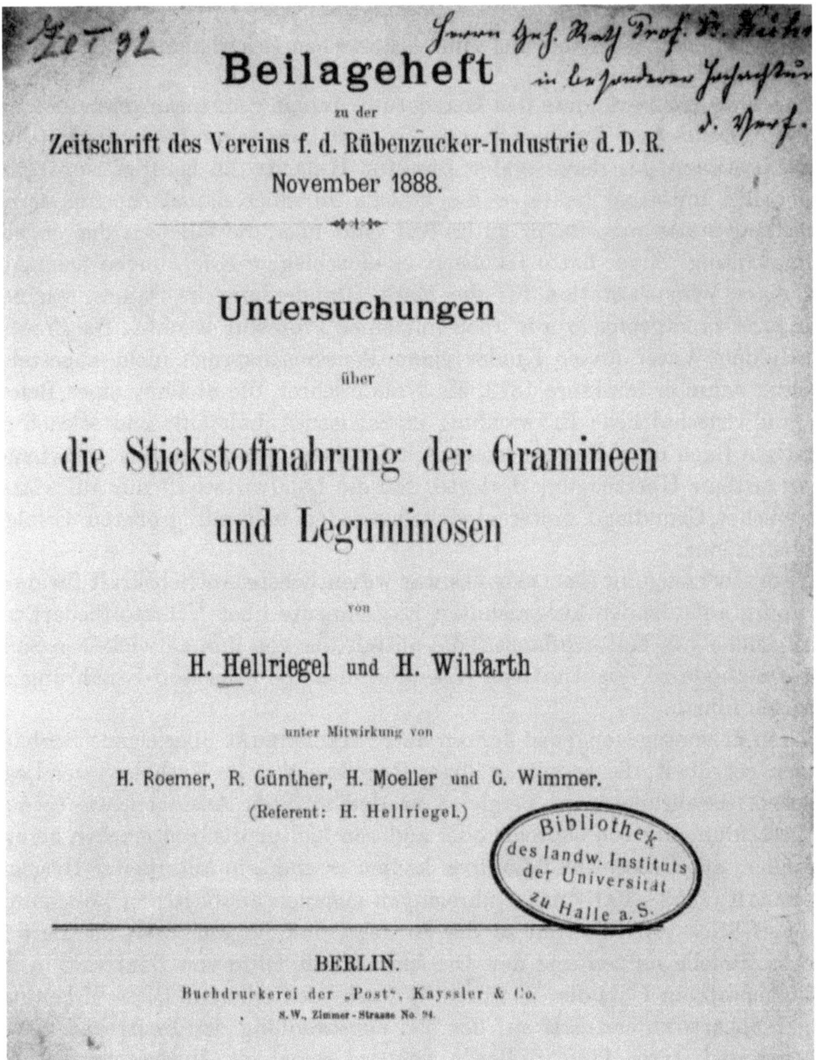

Beilageheft

zu der

Zeitschrift des Vereins f. d. Rübenzucker-Industrie d. D. R.

November 1888.

Untersuchungen

über

die Stickstoffnahrung der Gramineen und Leguminosen

von

H. Hellriegel und H. Wilfarth

unter Mitwirkung von

H. Roemer, R. Günther, H. Moeller und G. Wimmer.

(Referent: H. Hellriegel.)

BERLIN.

Buchdruckerei der „Post", Kayssler & Co.

S. W., Zimmer-Strasse No. 94.

Abb. 2. Titelblatt der grundlegenden Veröffentlichung über die Untersuchung zur N_2-Fixierung durch Wurzelknöllchen

ningen) stammt, „... daß er sich nicht eines größeren Eindrucks auf eine wissenschaftliche Versammlung erinnern könne, in welcher das Gefühl vorherrschend war, daß eine brennende Frage ebenso unerwartet wie endgültig gelöst worden sei, kurz dessen, was man eine Epoche zu nennen pflegt."

Im Jahre 1888 erschien dann die zum Klassiker gewordene ausführliche Abhandlung im Beilagenheft der Zeitschrift des Vereins für die Rübenzucker-Industrie des Deutschen Reiches mit dem Titel „Untersuchungen über die Stickstoffnahrung der Gramineen und Leguminosen" (Abb. 2). Die darin geübte logische Argumentation könnte ebenso wie die bescheidene Präsentation der wissenschaftlichen Ergebnisse mancher heutigen Darstellung als Vorbild dienen.

„Es waren weder der Ehrgeiz" schrieben die Autoren einleitend, „etwas Neues zu schaffen, noch die Sucht, überall Bacterien zu sehen, sondern einige ganz gelegentlich gemachte auffällige Beobachtungen, die uns zu einer Arbeit drängten, die von uns gar nicht beabsichtigt war..." — Also eine Zufallsentdeckung wie so viele davor und danach? Ja und nein — entscheidend in der Forschung ist doch, was der Beobachter aus seiner Beobachtung macht. HELLRIEGEL und WILFARTH nutzten ihre Beobachtungen genau so wie 40 Jahre später Alexander FLEMING (1881—1955) seine zufällige Entdeckung der Schimmelpilzwirkung auf Bakterienkulturen zu gezielten Experimenten. Dieser fand dabei das erste Antibiotikum, Penicillin, jene eruierten die Fähigkeit von Mikroben zur Bindung des Luftstickstoffs. Beide Entdeckungen gehören zu den Sternstunden forschenden menschlichen Geistes.

Gewiß, die Zeit war reif. Hätten nicht HELLRIEGEL und WILFARTH die N_2-Fixierung der Knöllchenbakterien entdeckt, andere wären in absehbarer Zeit zur gleichen Erkenntnis gelangt; denn die zeitgenössischen Pioniere der Bakteriologie, besonders Louis PASTEUR (1822—1895) und Robert KOCH (1843—1910) hatten durch ihre Arbeiten die große Bedeutung der Mikroben in der Natur sichtbar gemacht. Der Franzose M. BERTHELOT kam im Jahre 1885 auf Grund experimenteller Daten über die Stickstoffzunahme in organischer Bodensubstanz auf den Gedanken, daß dies durch Fixation des atmosphärischen Stickstoffs über Mikroorganismen des Bodens geschehen sein könnte. Der Berliner Pflanzenphysiologe Bernhard FRANK (1839—1900), ein streitbarer Geist, hatte wenige Jahre zuvor die symbiontische Bedeutung des Pilzmycels an Baumwurzeln richtig erkannt und den Begriff „Mycorhiza" geprägt (FRANK 1885). Er war damit der symbiontischen N_2-Bindung greifbar nahe gekommen, blieb aber in seinem Denken den Pilzen zu sehr verhaftet, um die Schlußfolgerungen aus HELLRIEGELS Experimenten mit Bakterien akzeptieren zu können.

In mehreren Artikeln polemisierte er gegen HELLRIEGELS und WILFARTHS Befunde und führte recht zweifelhafte Argumente wie in den folgenden Zitaten ins Feld, die jedoch die Richtigkeit der Entdeckung nicht entkräften konnten, wie die Wissenschaftsgeschichte gezeigt hat. So schreibt FRANK (1889b):

„... Aus seinen Beobachtungen glaubte HELLRIEGEL die Hypothese ableiten zu können: der in den Wurzelknöllchen der Leguminose lebende Pilz ist es, welcher der Pflanze den elementaren Stickstoff der Luft zur Ernährung verwertbar macht, eine Hypothese die unter den Chemikern und Landwirthen Mancher für etwas Festgestelltes aufnahm, weil es eben Vielen bequemer ist an ein paar kurze Schlagworte zu glauben, als in die

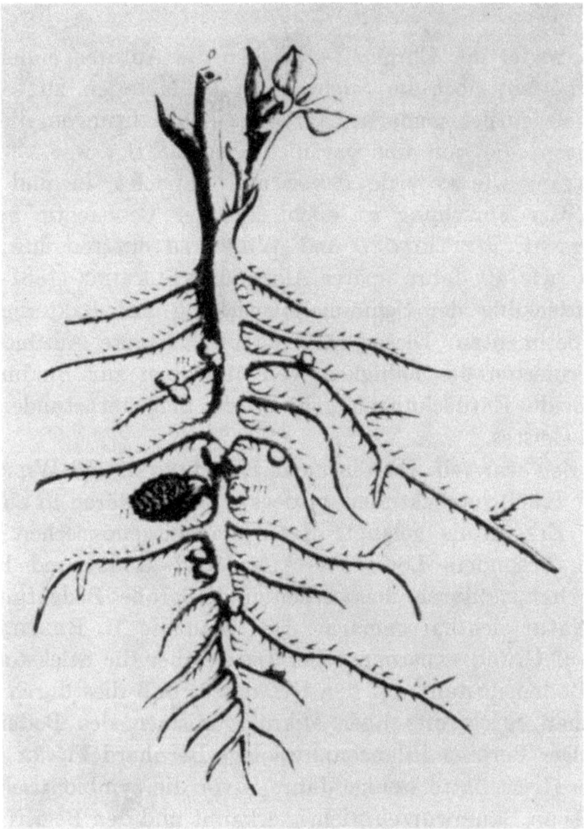

Abb. 3. Holzschnitt von MALPIGHI, Wurzelknöllchen darstellend

complicierten Vorgänge der Pflanzenwelt sich zu vertiefen. Das Folgende wird zeigen, wie verfrüht und einseitig jene Hypothese ist, und wie sie selbst ohne jeden Beweis geblieben ist." (p. 341).

In einer anderen Publikation (FRANK 1889a) bezichtigte er HELLRIEGEL, mit „kranken Kümmerlingen" als Versuchspflanzen gearbeitet zu haben und belehrte ihn:

„Es scheint mir nun richtiger, dass, wenn man eine Pflanze auf irgend ein Vermögen prüfen will, dazu Pflanzen in gesundem und kräftigem Zustande zu wählen, anstatt, wie es HELLRIEGEL thut, sie erst krank zu machen." (p. 239).

Natürlich kannte man schon seit langem (ein Holzschnitt von MALPIGHI (1628-1694) beweist es, vgl. Abb. 3) die Wurzelknöllchen, d. h. die cystenähnlichen Wucherungen an den Wurzeln der Schmetterlingsblütler (Abb. 4). Über ihre Funktion gab es nur Mutmaßungen — MALPIGHI hatte sie als Insektengallen gedeutet. Und auch der wissenschaftliche Erstbeschreiber WORONIN (1866), der nach ausführlichen mikroskopischen Beobachtungen darin „bakterienähnliche Gebilde" sah und damit der Wahrheit nahe kam, bezeichnete die Knöllchen als Pilzgallen. —

HELLRIEGEL hatte bereits eine Korrelation zwischen Knöllchenzahl und Wüchsigkeit der Pflanze festgestellt, ehe er die folgenden Experimente durch-

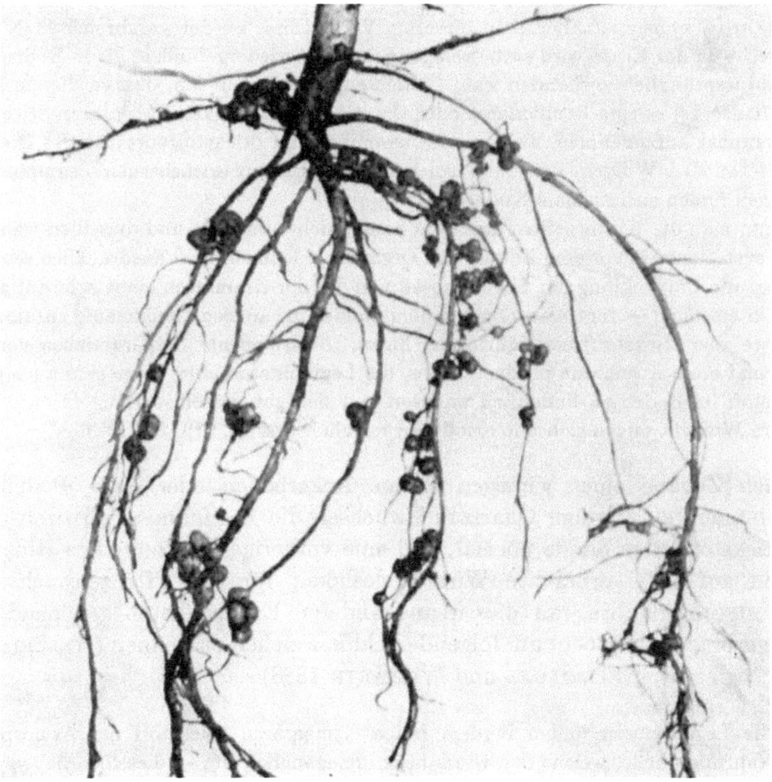

Abb. 4. Wurzelknöllchen an der Wurzel einer Erbse

führte, deren Ergebnisse er in einer Replik auf die Kritiken FRANKS folgendermaßen zusammenfaßte (HELLRIEGEL 1889) — im übrigen mit einem überlangen, logisch aufgebauten Satzgebilde, das einen Vergleich mit ähnlich gearteten Konstruktionen in Thomas MANNS Prosa standhält:

„Wenn man einen möglichst reinen Quarzsand, der jedenfalls nur Spuren von organischen Substanzen und Stickstoff enthält, als Boden benutzt, denselben vor Beginn der Versuche sterilisirt und ihn während der Vegetationszeit sterilisirt erhält, so verhalten sich die in denselben eingesäeten Gramineen und Leguminosen in ihrer Entwicklung absolut gleich, — und zwar bleibt die Production der Leguminosen so gut wie der Gramineen minimal oder ungefähr gleich Null, wenn man dem Sande zwar alle übrigen nothwendigen Nährstoffe in zweckmässiger Menge und Form zusetzt, aber keine assimilirbaren Stickstoffverbindungen, — durch gleichzeitigen Zusatz von Nitraten vermag man das Wachsthum der Pflanzen, der Papilionaceen so gut wie der Gramineen, beliebig hervorzurufen, und zwar steht in diesem Falle die Production, so lange die Stickstoffgabe im Verhältnis zu einem anderen Wachsthumsfactor nicht in Ueberschuss tritt, immer annähernd in directem Verhältnisse zu der verabreichten Nitratmenge, — in der Ernte wird stets weniger Stickstoff wiedergefunden, als in Boden und Samen ursprünglich vorhanden war, — nichts deutet darauf hin, dass in diesem Falle die Pflanze, sei es eine Papilionacee oder Graminee die Fähigkeit habe, ihren Stickstoff anderswoher aufzunehmen, als aus dem assimilirbaren Stickstoffvorrathe des Bodens, und — an den Wurzeln der unter solchen Verhältnissen erwachsenen Leguminosen-Pflanzen finden sich niemals Knöllchen.

Wenn man die Kulturgefässe mit dem Sande nicht sterilisirt und dieselben während der Vegetationszeit vor dem Zutritt von Organismenkeimen nicht ausdrücklich schützt, so zeigt die Entwicklung der Leguminosen von der der Gramineen einen sehr auffallenden Unterschied, — fügt man nämlich dem Sande eine an sich zweckmäßig zusammengesetzte aber stickstofffreie Nährlösung hinzu, so bleiben nur die Gramineen vor wie nach und ohne Ausnahme productionslos, die Leguminosen aber vermögen, auch ohne Stickstoff im Boden zu finden, zu wachsen und sich gut, ja selbst üppig zu entfalten, ... ihre Wurzeln zeigen sich mit Knöllchen reichlich besetzt." (p. 131/132).

Nach Zugabe einer winzigen Menge Ackerboden oder einer Bodenaufschlämmung zu sterilem Quarzsand wuchsen die Leguminosenpflanzen auch im stickstofffreien Sande normal, und eine vorherige Erhitzung des Hinzugefügten auf 70°C erbrachte Wirkungslosigkeit für das Pflanzenwachstum. HELLRIEGEL glaubte, mit diesen und anderen Experimenten genügend Beweise erbracht zu haben, um folgende Schlüsse ziehen zu können (HELLRIEGEL 1889; vgl. auch HELLRIEGEL und WILFARTH 1888):

„... die Leguminosen finden in dem freien elementaren Stickstoff der Atmosphäre eine Nahrungsquelle, welche den Gramineen unzugänglich ist; — dieselben haben aber nicht an sich die Fähigkeit, den freien Stickstoff der Luft zu assimilieren. sondern es ist hierzu die Betheiligung von lebensthätigen Mikroorganismen erforderlich, und zwar ist es nöthig, dass gewisse Arten der letzteren mit den ersteren in ein symbiotisches Verhältnis treten; — die Wurzelknöllchen der Leguminosen sind nicht als blosse Reservespeicher für Eiweissstoffe zu betrachten, sondern stehen mit der Assimilation des freien Stickstoffs in einem ursächlichen Zusammenhange; — das Wie? ist noch nicht aufgeklärt." (p. 134).

Die Isolierung und Charakterisierung der beteiligten Knöllchenbakterien hat der Agrokulturchemiker HELLRIEGEL nicht durchgeführt. Das war das Verdienst des holländischen Mikrobiologen BEIJERINCK (1851—1931). Er nannte die Bakterien aus den Wurzelknöllchen *Bacillus radicicola* und erkannte dabei auch, daß den verschiedenen Leguminosenarten unterschiedliche *Bacillus*-Species zuzuordnen waren. Der bereits zitierte FRANK (1889b) empfahl („um in der vielleicht noch sich aufwerfenden Discussion, ob der in Rede stehende Pilz zu den Myxomyceten oder zu den Spaltpilzen zu stellen sei, in der Namensgebung nichts zu präjudicieren...") die Bezeichnung *Rhizobium leguminosarum* — obwohl er in der gleichen Publikation argumentierte, vielleicht unter dem Eindruck der Beobachtungen seiner Schüler BRUNCHORST (1885) und A. TSCHIRCH, daß „die Bacteroiden selbst keine Pilze sind, sondern Bildungen des Plasmas der Pflanze, in welchen der Micrococcus des Knöllchen-Microbs enthalten ist." — Wie auch immer FRANKS Verwirrspiel aus heutiger Sicht gewertet werden mag, mit seiner Namensgebung wurde der Grundstein für die heute noch gültige Nomenklatur der *Rhizobiaceae* gelegt, worin die Wirtsspezifität der Arten ersichtlich ist: *Rhizobium leguminosarum* (Erbse), *R. meliloti* (Luzerne), *R. (Bradyrhizobium) japonicum* (Sojabohne), *R. lupini* (Lupine), *R. trifolii* (Klee), u. a. m. 1892 fand WINOGRADSKY (1856—1953) mit *Clostridium pasteurianum* ein freilebendes, Distickstoff bindendes Bakterium und führte erstmals den Beweis, daß die N_2-Fixierung nicht a priori mit Symbiose oder Knöllchen verflochten sein muß.

Diese mikrobiologischen Aspekte der biologischen N_2-Fixierung und die daraus folgenden großartigen Erkenntnisse der neueren und neuesten Zeit können die Bedeutung von HELLRIEGELS und WILFARTHS Entdeckung nicht schmälern. Darüber hinaus gehörte Hermann HELLRIEGEL zu jenen Wissenschaftlerpersönlichkeiten, die uns durch Leistungswillen und unbeirrtes Verfolgen einer Idee vorgelebt haben, wie interessante, neue und daher ungeplante Forschungsergebnisse an den Grenzflächen des eigenen Fachgebietes zu erreichen sind. Noch während der laufenden Experimente zur N_2-Fixierung wurden ihm die Gelder von der Zuckerrübenindustrie gestrichen, weil er zu wenig für die Rübenforschung getan hätte. Erst nach Vollendung seiner Vorstellungen kehrte er reumütig zum Auftragsobjekt zurück und arbeitete bis zu seinem Tode (1895) über Ernährung und Krankheiten der Zuckerrübe.

3. Bedeutung der Stickstoff-Fixierung in Biologie und Landwirtschaft

Fernab und wahrscheinlich unbelastet von dieser fundamentalen biologischen Entdeckung kamen zwei Chemiker zu Weltruhm (und Nobelpreis), die jene Erfindung der Natur im chemischen Laboratorium simulierten: Fritz HABER (1868—1934) und Carl BOSCH (1874—1940) vermochten in den Jahren 1910/12 erstmals den Stickstoff der Luft mit Wasserstoff zu Ammoniak umzusetzen, wobei sie außer Druck und hoher Temperatur einen Katalysator

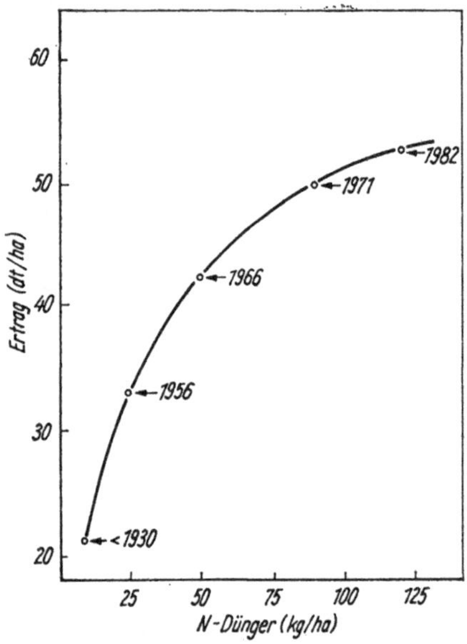

Abb. 5. Korrelation zwischen Stickstoffdüngung (kg/ha) und Körnerertrag bei Getriede (dt/ha)

benötigten, einen chemischen Ersatz für das, was die Natur mit Enzymen, im vorliegenden Falle der Nitrogenase (s. u.), bewerkstelligt. Es sollte an dieser Stelle nicht unerwähnt bleiben, daß sich auch Wilhelm OSTWALD (1853—1932) mit der Ammoniaksynthese beschäftigt hatte, wenngleich ohne greifbare Erfolge.

Das Prinzip der Ammoniaksynthese nach HABER und BOSCH ist bekanntlich zur entscheidenden Grundlage der ständig gestiegenen industriell-technischen Stickstoffdünger-Produktion geworden. Ursache ist das Wachstum der Weltbevölkerung und dadurch bedingt ein ansteigender Bedarf an Nahrungsmitteln, in erster Linie aus der landwirtschaftlichen Pflanzenproduktion, deren Hektarerträge eindeutig mit der Menge des aufgewendeten Stickstoffdüngers korrelieren (Abb. 5). Jährlich werden ca. 90 Millionen t N_2-Dünger auf technischem Wege produziert und auf die Anbauflächen ausgebracht, in den hochindustrialisierten Ländern mit steigender Tendenz in den vergangenen Jahren 80—120 kg/ha pro Jahr. Damit konnten auf der Sonnenseite der Medaille erstaunliche Hektarerträge erzielt werden, aber auch die Schattenseiten zeigten sich bald. Die zunehmende Umweltbelastung durch Stickstoff-Verbindungen, insbesondere durch Nitrate im Grundwasser, und die zunehnehmende Eutrophierung der Binnengewässer haben dazu geführt, die Mengen an N-Dünger/ha wieder zu reduzieren. Im Durchschnitt wird nur ein Drittel des eingesetzten Stickstoffdüngers von der Pflanze verwertet (NEWTON 1987), zwei Drittel werden ausgeschwemmt.

Tabelle 1

Anteile der biologischen, atmosphärischen und technischen N_2-Fixierung am Gesamtbetrag und Zufuhr zu den landwirtschaftlichen Nutzflächen der Welt (nach ISERMANN 1988)

N_2-Fixierungsart	Menge (10^6 t/Jahr)	davon landwirtsch. genutzt (10^6 t/Jahr)	% von Gesamt-N_2-Fixierung
Biologisch	148	73	49
Atmosphärisch	45	4	9
Technisch	92	70	84
Summe	285	147	52

Bevor ich zu den biologisch interessanten Details komme, sollte ich Ihnen einige globale Zahlen nicht vorenthalten, welche den Stellenwert der biologischen N_2-Fixierung verdeutlichen mögen (Tab. 1).

An der Gesamt-Stickstoff-Fixierung der Welt, die bei 285 Megatonnen pro Jahr (1986) liegt, ist die biologische N_2-Bindung mit 51%, die atmosphärische mit 17% und die technische mit 32% beteiligt. Aber nur reichlich die Hälfte dieses gebundenen Stickstoffs wird durch landwirtschaftliche Nutzflächen verwertet und dabei verschieben sich die Relationen: Während nur etwa 1/10 der atmosphärisch durch elektrische Entladungen, Ozonisierungen entstandenen Stickstoffverbindungen in die Düngung eingehen, also zu vernachlässigen sind, wird biologisch und technisch gebundener Stickstoff etwa zu gleichen Teilen verwendet (70 Megatonnen/Jahr), d. h. 84% des technisch gebundenen Stickstoffs kommen der Landwirtschaft zugute, aber nur 50% des biologisch gebundenen; die anderen 50% entfallen auf nicht landwirtschaftlich genutzte Bereiche (ISERMANN 1988).

Von den verschiedenen Varianten der biologischen N_2-Fixierung, nämlich den symbiontischen durch *Rhizobium*, Actinomyceten der Gattung *Frankia* oder Cyanobakterien erscheinen die erstgenannten am effektivsten. Hier

Tabelle 2

Vergleich von N_2-Fixierungsraten (in kg gebundenem N_2 pro Hektar und Jahr) durch einige symbiontische und freilebende Mikroorganismen (aus MÜNTZ 1987)

Pflanze	Mikroorganismus	Fixierungsraten
Leguminosen/Rhizobium-Symbiosen:		
Luzerne	*R. meliloti*	50–460
Rotklee	*R. trifolii*	45–350
Ackerbohne	*R. leguminosarum*	45–300
Sojabohne	*B. japonicum*	40–200
Holzgewächse/Frankia-Symbiosen:		
Erle	*Frankia* spec.	50–150
Sanddorn	*Frankia* spec.	bis 180
Gagelstrauch	*Frankia* spec.	27
Pflanzen/Cyanobakterien-Symbiosen:		
Gunnera (höhere Pfl.)	*Nostoc* spec.	58
Azolla (Wasserfarn)	*Anabaena azollae*	50–80
Lobaria (Flechte)	*Nostoc* spec.	5–10
Pflanzen/Bakterien-Assoziationen:		
Paspalum-Gras	*Azotobacter paspali*	10
Mais	*Azospirillum*	3
Freilebende Bakterien:		
—	Cyanobakterien	80–120
—	*Azotobacter*	ca. 1
—	*Clostridium*	ca. 1
—	*Klebsiella*	ca. 1

konnten Fixierungsraten bis zu einigen hundert kg assimilierten Stickstoffs pro Hektar und Jahr gemessen werden (Tab. 2). Freilebende Stickstoff fixierende Organismen der Gattungen *Azotobacter*, *Clostridium* oder *Klebsiellla* bleiben deutlich darunter, und auch *Azospirillum*, in assoziativer Verbindung mit Wurzeln von Mais oder anderen Gräsern, läßt keine hohen Fixierungsraten erkennen.

Anders als die biologische N_2-Fixierung mit Hilfe der Nutzung kostenloser Sonnenenergie besitzt die technische Herstellung des Stickstoffdüngers beachtenswerte energetische Aspekte. Das wird in der Tabelle 3 deutlich, worin der Energieaufwand der N_2-Fixierungsarten verglichen wird: Die notwendige Energiemenge (in Megajoule) für ein kg fixierten Stickstoffs ist beim HABER-BOSCH-Verfahren auf Erdölbasis zwar um den Faktor 2,5 geringer als bei der biologischen Fixierung (40 gegenüber 114), aber wenn mit diesem Stickstoff die Pflanzen versorgt werden sollen, kommen durch Transport-, Aufbringungskosten etc. sowie durch energieaufwendige physiologische Prozesse der N_2-Aufnahme und Nitratreduktion Energieäquivalente hinzu, so daß es im Endeffekt keinen Unterschied mehr gibt (115 : 114).

Tabelle 3

Energieaufwände bei den verschiedenen N_2-Fixierungsarten (nach ISERMANN 1988)

N_2-Fixierungsart	N_2-Fixierung		N_2-Versorgung d. Pflanze	
	Energiemenge (MJ/kg N_2)	Energieform	Energiemenge (MJ/kg N_2)	Energieform
Biologisch				
asymbiontisch	101	rezent	181	rezent
symbiontisch	114	rezent	114	rezent
Atmosphärisch	358	rezent	494	rezent
Technisch	40	fossil	115	fossil/rezent (1:1)

Bei der technischen N_2-Fixierung werden vor allem wertvolle fossile Energiequellen (Erdöl, Kohle) benötigt — für die allgemein ernste Problematik der Energieträger in vielen Ländern keine erstrebenswerte langfristige Lösung. Vielleicht stellt die Photolyse des Wassers mit Hilfe von Solarzellen einen zukunftsträchtigen Ausweg dar. — Schließlich wird ein großer Anteil des Stickstoffdüngers in den Entwicklungsländern gebraucht, die keine Grundlagen zum HABER-BOSCH-Verfahren im eigenen Lande haben und den Dünger aus den Industrieländern importieren müssen. Die entstehenden Transportkosten und Lagerungskosten machen die ernsten Probleme der Versorgung dieser Länder mit Nahrungsmitteln noch komplizierter.

Aus solchen Überlegungen heraus wird die Frage nach Erweiterung oder Verbesserung der Nutzung biologischer Verfahren immer wieder gestellt und an die Wissenschaftler herangetragen. Diese können aber nur Antworten geben, wenn sie die komplexen biologischen Zusammenhänge in intensiver Forschungsarbeit immer besser verstehen lernen. Was wissen wir heute darüber — 100 Jahre nach der HELLRIEGELschen grundlegenden Entdeckung?

Es ist in diesem Rahmen unmöglich, auch nur annähernd auf die Vielfalt und Breite der heutigen Forschungsarbeiten zur N_2-Fixierung im Detail einzugehen. Im folgenden wurden daher die am wichtigsten erscheinenden Aspekte ausgewählt, von denen einige Grundzüge dargestellt werden. Interessenten finden weitere und speziellere Aussagen in Büchern, Tagungsberichten und Übersichtsartikeln, z. B. QUISPEL (1974), SHANMUGAM et al. (1978), PARTHIER (1978), ROBERTS und BRILL (1981), PÜHLER (1983), VERMA und HOHN (1984), LUGTENBERG (1986), SZALAY und LEGOCKI (1985), KONDOROSI und KONDOROSI (1986), GUSSIN et al. (1986), SCHUBERT (1986), WERNER (1987), MÜNTZ (1987).

4. Biogenese und Physiologie der symbiontischen N_2-Fixierung

Unter Symbiose versteht man ganz allgemein das Zusammenleben unterschiedlicher Organismen zum beiderseitigen Nutzen. Die Ausprägungsformen einer Symbiose sind vielfältig: Es gibt temporäre und permanente, fakultative und obligate, mutualistische und antagonistische, und die Grenzen reichen von der reversiblen Parabiose (auch Konsortium genannt) bis zum Parasitismus, bei dem der eine Partner nicht nur auf Kosten des anderen lebt, sondern der in vielen Fällen schließlich in der existentiellen Niederlage eines der Partner endet. Von besonderem Interesse und wissenschaftlicher wie wirtschaftlicher Bedeutung sind Cytosymbiosen (vgl. hierzu neuere Übersichten bei SITTE und HANSMANN 1986, SITTE 1987, WERNER 1987, PARTHIER 1989).

In der Regel sind Symbiosepartner morphologisch, physiologisch, cytologisch und genetisch so weit voneinander verschieden, daß die Linien zwischen „arteigen“ und „artfremd“ eindeutig erkennbar sind. Im Falle der Knöllchensymbiose koexistieren Bakterien, also einzellige Prokaryoten, mit eukaryotischen Pflanzenzellen. Erstere versorgen die Pflanze zusätzlich mit Stickstoff; letztere bewahren diese Quelle, indem sie die heterotroph lebenden intrazellulären Bakterin mit Kohlenhydraten und anderen Nährstoffen versorgen, die sie autotroph mittels Sonnenlicht und Chlorophyll aus dem CO_2 der Luft und dem Wasser des Bodens herstellen. Die Zusammenhänge zwischen Photosynthese und Stickstoff-Fixierung einer höheren Pflanze, z. B. Leguminose, zeigt schematisch Abbildung 6. Die N_2-Bindung ist also eine bakterielle Leistung, welche ohne Gegenleistung der Pflanze nicht stattfinden könnte.

Nun sind die Rhizobien aber nicht immer in der Lage, atmosphärischen Stickstoff zu fixieren, und dieser Eigenschaftswechsel hängt mit der Installa-

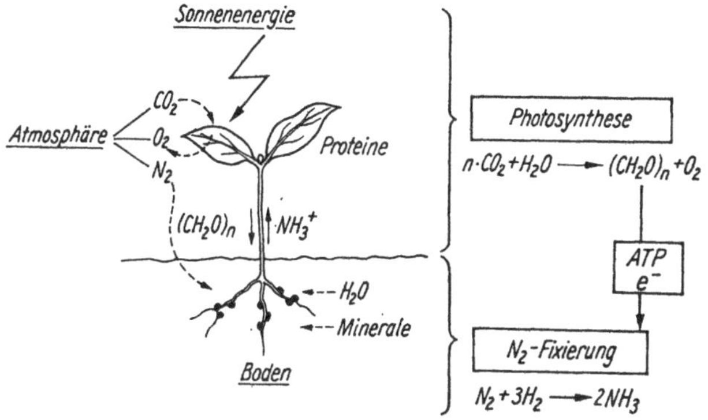

Abb. 6. Beziehungen zwischen Pflanze, Umwelt, Photosynthese und N_2-Fixierung

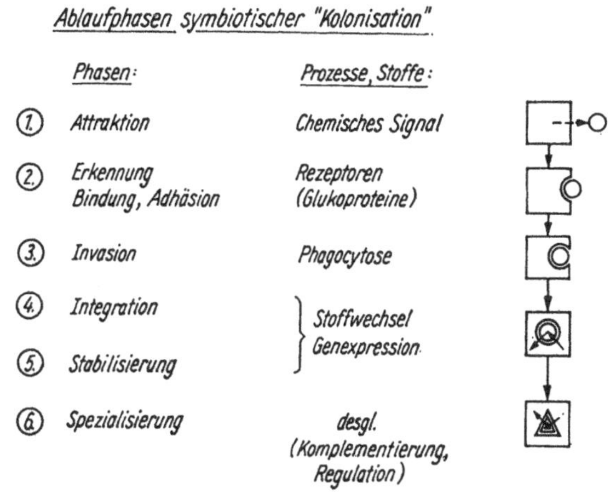

Abb. 7. Schematische Darstellung der Ablaufphasen einer Cytosymbiose-Ausprägung

tion der Symbiose selbst zusammen. Wir haben uns also zunächst der morphologischen und funktionellen Ausformung der Knöllchen an den Wurzeln bzw. deren Veränderungen auf zellulärer und subzellulärer Ebene zuzuwenden. Diesen hochinteressanten Prozeß wollen wir piktogrammatisch in mehrere sequentiell ablaufende Phasen einteilen (Abb. 7). Die Abfolge läßt erkennen, daß wir es mit einer Art „cytologischer Kolonisation“ zu tun haben: Attraktion des Bakteriums; Erkennung und Bindung desselben an die pflanzliche Zelloberfläche (Wurzelhaar); Invasion in die Wurzelhaarzelle; Integration Stabilisierung und Spezialisierung des Eindringlings.

Ausgangspunkt sind frei im Boden lebende Rhizobien, stäbchenförmige, bewegliche Bakterien, die n i c h t in der Lage sind, N_2 zu binden. Sie sind immer auf der Suche nach einer geeigneten Wirtspflanze, in der Regel Leguminosen; denn sie verfügen nicht nur über spezifische Erkennungsfaktoren auf ihrer Oberfläche für eine bestimmte Leguminosen-Species, sondern auch über die Fähigkeit, chemische Signale zu erkennen, die offensichtlich von den

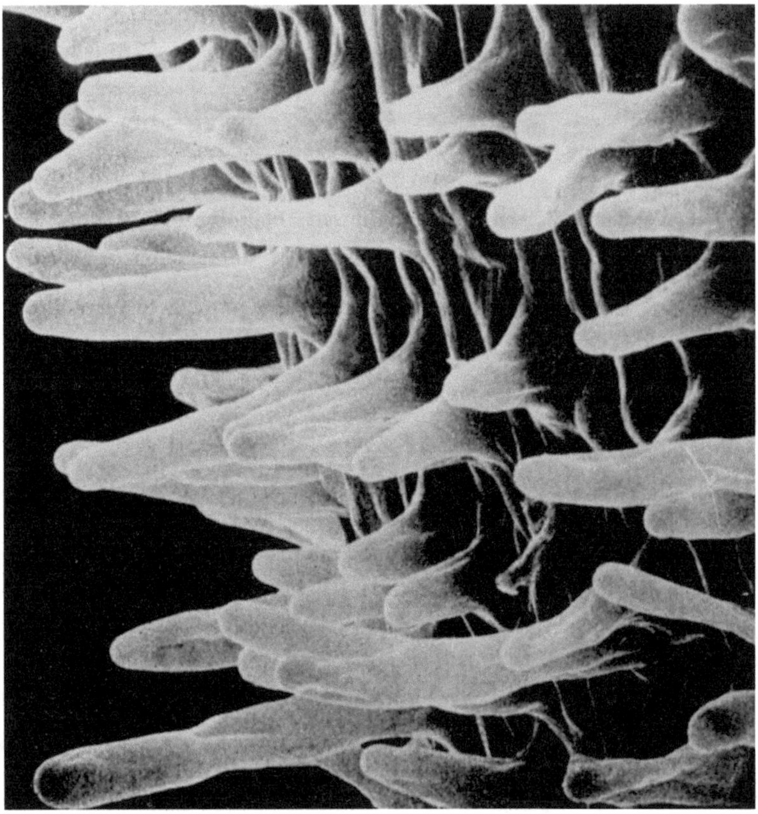

Abb. 8. Wurzelhaare, rasterelektronenmikroskopische Darstellung (Aus: Troughton, J. T., and F. B. Sampson; „Plants. A scanning Electron Microscope Survey", Wiley & Sons, Sidney 1973)

Wurzelzellen der Wirtspflanzen ausgesendet werden. Über einen Lockstoff-Gradienten finden sie ihren Weg durch die Bodenpartikeln zur Wirtswurzel, genauer zu deren Wurzelhärchen, millimetergroßen Ausstülpungen der Wurzeloberfläche im Wachstumsbereich (Abb. 8). Dort heften sich die Bakterien mittels fädiger Verankerungen, Mikrofibrillen genannt, an (Abb. 9).

Diese Erkennungs- und Anheftungsphase muß bereits spezifisch sein, denn „artfremde" Bakterien werden an Wurzelhaaren nicht gefunden. Als Erkennungszeichen fungieren Makromoleküle an den Oberflächen der beiden Partner, Lektine, das sind Proteine mit sehr unterschiedlichen und auch ungewöhnlichen Zuckerresten, welche hohe Erkennungsspezifität erlauben (neuere Literatur: Pueppke and Hawes 1985, Turgeon and Bauer 1985, Anolles and Favelukes 1986).

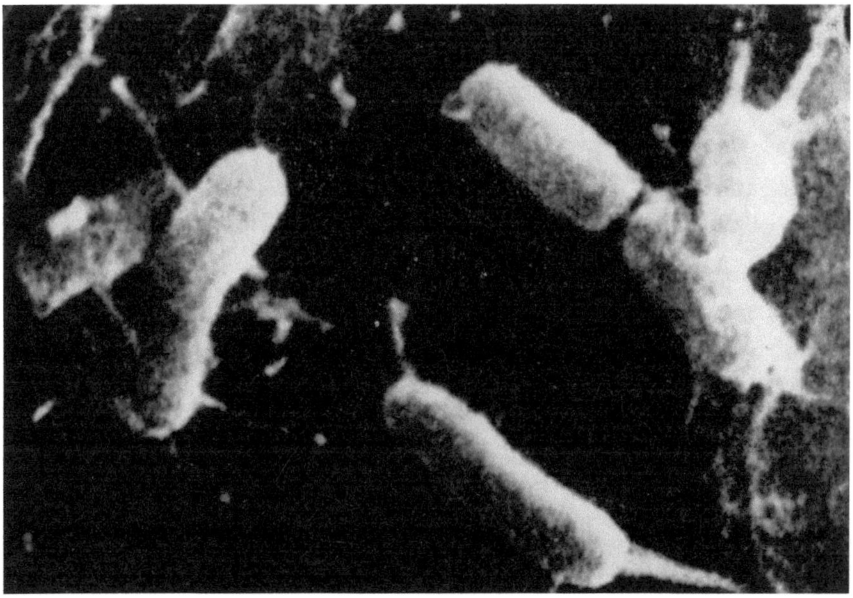

Abb. 9. *Rhizobium trifolii* auf der Wurzelhaaroberfläche von Klee, wobei Mikrofibrillen der Bakterien als „Anker" wirken
(Aus: D. P. S. Verma & T. Hohn, 1984, p. 14, Beitrag F. B. Dazzo & A. E. Gardiol)

Nach der Interaktion mit einer artspezifischen *Rhizobium*-Zelle reagiert das betroffene Wurzelhaar mit verstärktem Wachstum der gegenüberliegenden Seite, so daß zunächst Krümmung und dann charakteristisches Einrollen des Wurzelhaares („Hirtenstab"-Phase) die Folge ist, wobei das Bakterium in die sich bildende Tasche eingeschlossen wird (Abb. 10). Man weiß heute, daß das einseitige Wurzelhaarwachstum auf einen chemischen Reiz hin zustande kommt, der von den Bakterien stammt. Diese geben einen Anti-Wuchsstoff (Cytokinin) an das Wurzelhaar ab, das daraufhin an dieser Stelle sein Streckungswachstum einstellt.

Mit Hilfe zellwandauflösender Enzyme gelingt es dem Bakterium in der Wurzelhaartasche, durch die Oberflächenschicht des Wirtes in die Wurzelhaarzelle einzudringen. Bald wird von dieser ein Invaginationssack und daraus Invaginationsschlauch gebildet, der das Bakterium einschließt. Darin beginnt es sich zu teilen und stark zu vermehren.

Zur gleichen Zeit wird das Meristem der Wurzelrindenzellen, an denen die Wurzelhaare sitzen, aktiv. Die Zellen teilen sich vielfach, bis sie als knöllchen-

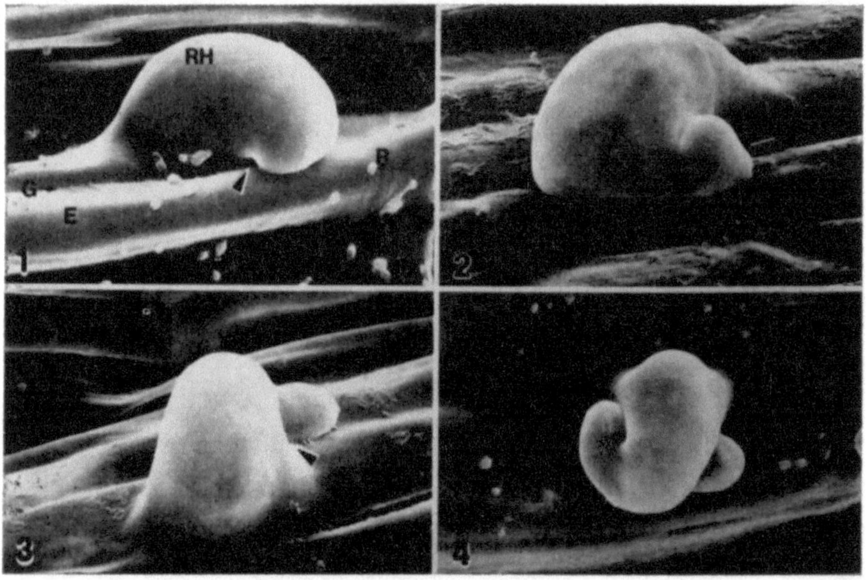

Abb. 10. Krümmung und Taschenbildung eines Wurzelhaares von Sojabohne nach Infektion mit *Bradyrhizobium japonicum* (aus TURGEON und BAUER 1985) (RH = Wurzelhaar, R = Bakterienzelle, G = Furche zwischen Wurzelhaar und angrenzender Epidermiszelle (E))

artige Wucherungen makroskopisch sichtbar werden. Im Inneren dieser Zellgekröse finden sich die Bakterien unterdessen so stark vermehrt, daß einige Tausend pro Zelle gezählt werden (Abb. 11). Jeder Symbiont wird von einer doppelten periplasmatischen Hülle umgeben, die das Bakterium selektiv permeabel gegen die zelluläre Umwelt abschließt.

Das ist sehr wichtig, denn während dieser organogenetischen Vorgänge in den Rindenzellen haben auch in den Symbionten dramatische morphologische und biochemische Wandlungen stattgefunden. Aus den stabschlanken Bakterien sind rundliche Bakteroide geworden. Sie verändern ihr Enzymmuster weitgehend, indem sie zu freiem Bodenleben notwendige Enzyme abbauen und dafür andere, vor allem jene für die Stickstoff-Fixierung, neu bilden. Das Schlüsselenzym ist die Nitrogenase, über die gleich noch zu reden sein wird, ein rein bakterielles Produkt. Aber auch die Wirtszelle trägt zum Funktionieren der N_2-Fixierungsmaschinerie nicht nur metabolisch bei, indem sie energiereiche Substrate liefert, sondern sie bringt auch ihre genetischen

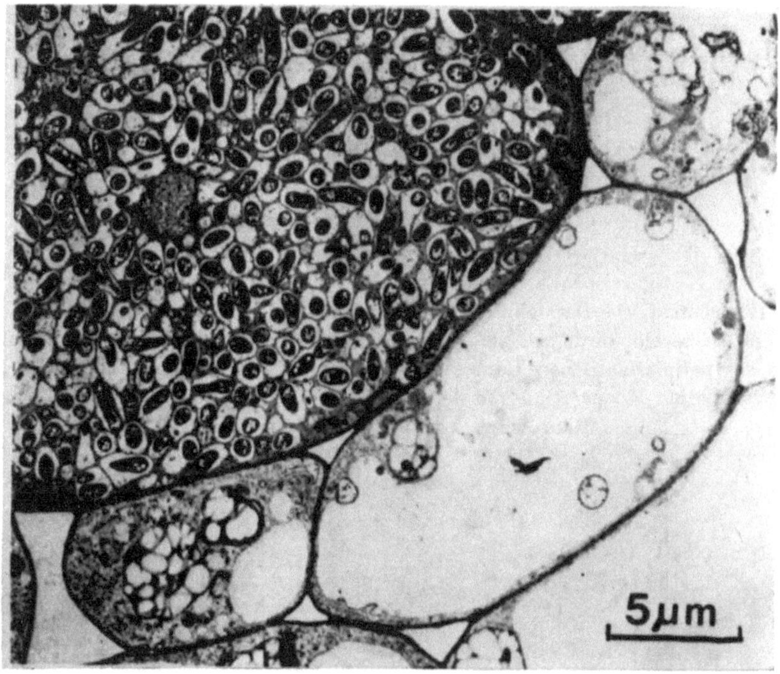

Abb. 11. Bakteroide in periplasmatischen Umhüllungen bei einem Querschnitt durch die Wurzelrinde von Sojabohne (aus WERNER 1987)

Potenzen ein: Bestimmte Proteine, Noduline, werden an den cytoplasmatischen Polyribosomen synthetisiert. Sie sammeln sich am periplasmatischen Saum an, der Grenzlinie zum Bakteroid (Abb. 12). Ihr Hauptvertreter ist das Leghämoglobin, das analog dem Hämoglobin des Blutes die Fähigkeit besitzt, Sauerstoff spezifisch zu binden und dadurch im Inneren der Symbionten eine anaerobe Atmosphäre zu schaffen; denn die Nitrogenase ist gegenüber Sauerstoff extrem empfindlich und wird bei O_2-Drücken über 10 mPa inaktiviert (APPLEBY 1984).

Die verwirrende biogenetische und metabolische Vielfalt in den intra- und interzellulären Wechselbeziehungen, die für den biologischen N_2-Fixierungsapparat notwendig sind, ist in Abbildung 13 angedeutet. Neuerdings wurde festgestellt, daß die Kohlenstoffsubstrate aus organischen Säuren (Dikarbonsäuren) bestehen, welche die periplasmatische Grenzschicht durchdringen

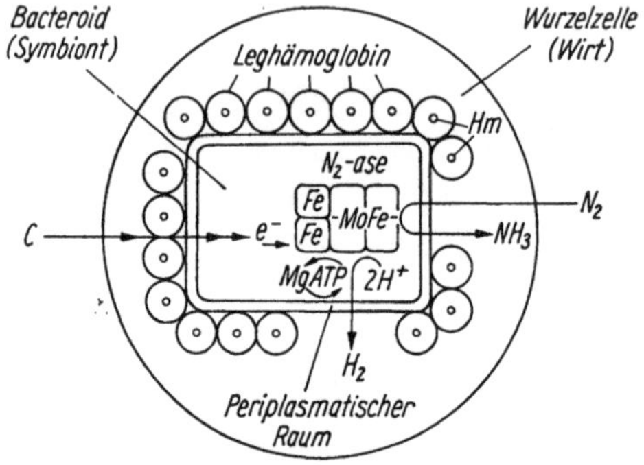

Abb. 12. Schematische Darstellung einer *Rhizobium*-Symbiose mit pflanzlicher Wurzelzelle. Im Bacteroid wurde nur die Nitrogenase (N_2-ase) eingezeichnet; an der äußeren Hülle des periplasmatischen Raums sind Leghämoglobin-Moleküle angereichert, die in biogenetischer Kooperation von der Wirtszelle (Globin-Anteil) und dem Bacteroid (Häm-Anteil, Hm) synthetisiert werden
C steht für Kohlenhydrate

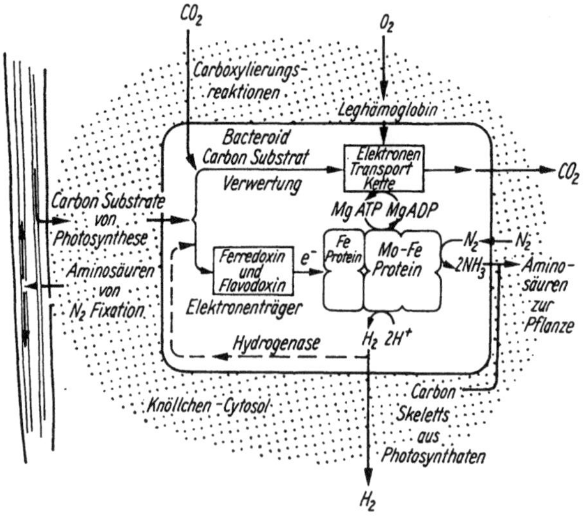

Abb. 13. Transportvorgänge und Stoffwechselwege zwischen Wirt und Symbionten nach der Ausbildung der N_2-fixierenden Symbiose (aus PARTHIER 1981)

können. Sie werden in den Bakteroiden weiter abgebaut, dabei Elektronen generierend, die mittels bestimmter Überträgermoleküle, Ferredoxin bzw. Flavodoxin, zum Stickstoff-Reduktionsort gebracht werden. Eine entscheidende Rolle spielt das Pyruvat, das in einer sogenannten phosphoroklastischen Reaktion zersetzt wird und dabei gleichzeitig als Elektronendonator und als Energiequelle dient (Abb. 14). Acetylphosphat gilt als das Intermediärprodukt, aus dem Mg-ATP gebildet wird. In dieser Substanz ist die aus dem Kohlenhydratabbau gewonnene Energie festgelegt. Auf Abruf steht sie für die Reduktion des Distickstoffs zur Verfügung.

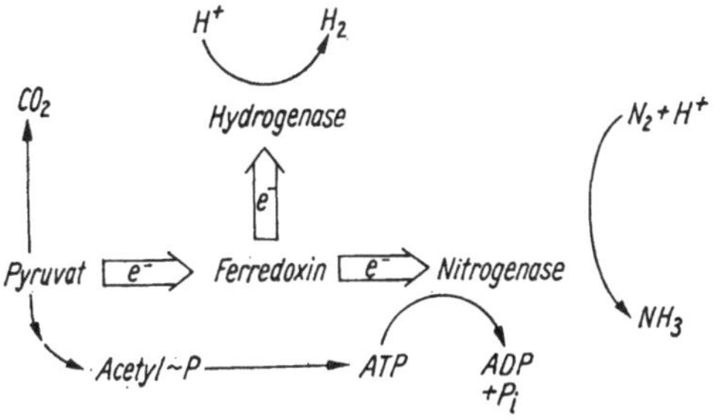

Abb. 14. Elektronentransport und Nitrogenase-Funktion
Erläuterungen im Text

Für die Reduktion von einem Mol (28 g) N_2 zu 2 Molen NH_3 werden 15 Mole Mg-ATP benötigt, da 3 Elektronenpaare für die Reduktion notwendig sind und pro Elektronenpaar 5 Moleküle ATP hydrolysiert werden. Hinzu kommt jedoch noch weiteres ATP zur Bereitstellung der Elektronen und für Erhaltungsenergie, so daß man mit 32—36 ATP oder 2820 Kilojoule für die biologische Produktion von 28 g NH_3 rechnet. Diese Energiemenge wird durch die Veratmung von 180 g Glukose gewonnen. Damit gehört die Stickstoff-Fixierung zu den energieaufwendigsten biologischen Prozessen, die wir kennen.

5. Nitrogenase und N_2-Reduktion

Formal und in der Bilanz ist die biologische N_2-Fixierung dem chemischen HABER-BOSCH-Prozeß analog. Hier wie dort ist ein Katalysator notwendig, und es werden hypothetische Zwischenstufen der Reaktion angenommen, Diimid und Hydrazin (die in der Zelle jedoch bisher nicht gefunden wurden). Obwohl die Reaktion $N_2 + 3H_2 = 2NH_3$ exergonisch ist und 46 kJ/Mol Energie entstehen, wird viel zusätzliche Energie benötigt (Reaktionstemperaturen bei 450 °C), um die 945 kJ Aktivierungsenergie des Distickstoffmoleküls zu erreichen.

Bei der biologischen N_2-Reduktion zu NH_3 ist es die Aufgabe der Nitrogenase, die Aktivierungsenergie des N_2 herabzusetzen. Die weitere erforderliche Energie (ATP) entstammt dem Abbau von Photosyntheseprodukten durch oxidative Phosphorylierung — bei Blaualgen aus der Photosynthesephosphorylierung. Im HABER-BOSCH-Verfahren wird gasförmiger Wasserstoff als Reduktionsmittel eingesetzt; in der N_2-fixierenden Zelle dienen Elektronen aus dem oxidativen Kohlenhydratabbau als Reduktionsmittel.

Der biologische Katalysator, die Nitrogenase, mit deren Hilfe der molekulare Distickstoff zu Ammoniak reduziert wird, besteht aus hochmolekularen

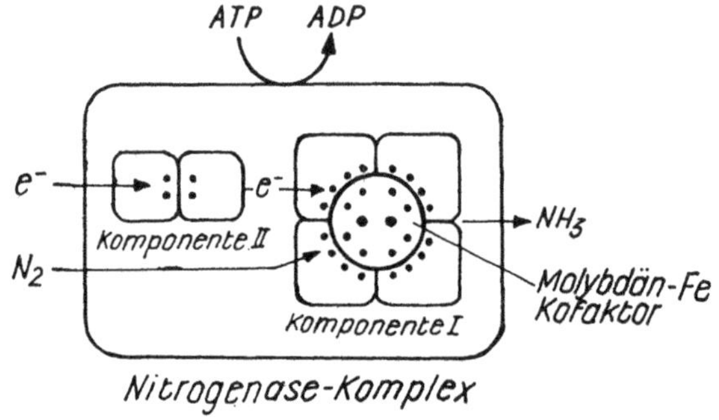

Abb. 15. Einfache schematische Darstellung der Bestandteile eines Nitrogenase-Komplexes
Erläuterungen im Text

Proteinen, repräsentiert einen Multienzymkomplex aus zwei Komponenten, die sich wiederum aus Untereinheiten aufbauen, welche den chemischen Ablauf der Reaktionsfolge arbeitsteilig betreiben (Abb. 15). Die kleinere Komponente II (Molekulargewicht 30000) ist ein dimeres Eisen-Schwefel-haltiges Protein (Fe_4S_4-Protein). Die größere Komponente I besteht aus vier Untereinheiten ($\alpha_2\beta_2$, Molekulargewichte 50000 bzw. 60000) und es enthält zwei Eisen-Molybdän-Zentren, die als FeMo-Cofaktor (FeMoco) bezeichnet, eine Stöchiometrie von $MoFe_{6-8}S_{4-10}$ aufweisen. Auch hier sind die Metallatome über Schwefelbrücken mit den Proteinanteilen verbunden. Das Molybdän im FeMoco ist letztlich Elektronendonator für das Substrat N_2 (SHAH et al. 1984). Hier findet auch der Bindungs- und Reduktionsvorgang des Distickstoffs statt, der in den atomaren Dimensionen noch immer nicht ganz geklärt ist. In der Reaktionskette des N_2-Reduktionsprozesses wird FeMoco reduziert durch Elektronenübertragung von der Fe_4S_4-Domäne der Komponente II, wobei acht Mg-ATP zu acht Mg-ADP hydrolysiert werden. Das sind jene Elekronen, die über Flavodoxin vom Pyruvat geliefert wurden. Wegen dieser Funktionsteilung im Nitrogenase-Komplex wird die Komponente I auch als die eigentliche „Dinitrogenase“ bezeichnet, während Komponente II, als Elektronenüberträger dienend, „Dinitrogenase-Reduktase“ genannt wird.

Die Nitrogenase reduziert jedoch nicht nur Distickstoff zu Ammoniak, sondern auch eine Reihe anderer Substrate (Tabelle 4), darunter Acetylen zu Ethylen, eine Reaktion, die zur quantitativen Bestimmung der Nitrogenase-Aktivität genutzt wird. Erwähnenswert ist ebenfalls die Reduktion von Protonen zu molekularem Wasserstoff; das Enzym besitzt also auch die Funktion einer Hydrogenase. Das ist energetisch zweifellos ein Nachteil, denn 30% des

Tabelle 4

Von der Nitrogenase genutzte Substrate (nur N_2 und $2H^+$ sind natürliche).

Substrate	Produkte
N_2	$2NH_3$
$2H^+$	H_2
N_3^-	N_2, NH_3
N_2O	N_2, H_2O
HCN	CH_4, NH_3, CH_3NH_2
CH_3CN	C_2H_6, NH_3
$CH_2{=}CH{-}C{\equiv}N$	$CH_3{-}CH{=}CH_2$, C_3H_8, NH_3
CH_3NC	CH_3NH_2, CH_4, C_2H_6, C_3H_8, C_3H_6
CH_2CHCN	C_3H_6, NH_3, C_3H_8
C_2H_2	C_2H_4

Energieaufwandes in der Nitrogenase-Reaktion werden durch die Hydrogenasereaktion abgezogen, weil die H_2-Bildung mit der N_2-Reduktion um die gleichen Reduktionsäquivalente konkurriert (Übersichten zur Hydrogenasefunktion bei Eisbrenner und Evans 1983, Robson und Postgate 1984). Daher ist die Suche nach Bakterienstämmen verständlich, die über ein H_2-Reassimilationssystem verfügen, weil dadurch Energie zurückgewonnen würde.

Neben dieser klassischen Nitrogenase wurde eine Nitrogenase ohne Molybdän aus Azetobacter bekannt. Sie ist offensichtlich die Antwort der Natur auf molybdänarme Böden. Ferner wurde Nitrogenase beschrieben, in denen Molybdän durch Vanadium ersetzt ist, das in seinen Eigenschaften dem Molybdän sehr ähnlich ist. Möglicherweise werden noch weitere alternative Metalle als Bestandteile von Nitrogenasen entdeckt.

Natürlich hat es nicht an Versuchen gefehlt, mit anorganischen Modellsystemen die biologische N_2-Reduktion im Laboratorium zu simulieren (NEWTON 1987). Dabei kamen Wolfram- oder Rutheniumkomplexe als Katalysatoren zum Einsatz, wodurch bei Zimmertemperatur und Normaldruck NH_3 erzeugt werden konnte. Vielleicht kann durch ein solches regenerierbares System einmal unter Feldbedingungen („vor Ort") Dünger nach Bedarf hergestellt werden, wenn es gelingt, Sauerstoff fernzuhalten. Aber der Wirkungsgrad solcher Modelle ist weit weg von dem der biologischen NH_3-Bildung: 0,25 mmol NH_3 pro Minute und Gramm Protein bei Bakterien (*Klebsiella*) stehen nur 0,01 nmol NH_3 pro Tag und Gramm Katalysator gegenüber. Das chemische Modellsystem arbeitet also um den Faktor 10^7 schlechter; ein weiterer Anlaß, sich dem biologischen Verfahren stärker zu widmen.

6. Genetische und regulatorische Aspekte

Auf dem genetischen Sektor der Stickstoff-Fixierung sind in den letzten Jahren die spektakulärsten und faszinierendsten Fortschritte gemacht worden, und man kann die Entwicklung, begünstigt durch die allgemeinen gentechnischen Fortschritte, fast als eine Explosion des Gebietes bezeichnen. Es wurden nicht nur die Positionen von Strukturgenen im Genom, sondern auch deren Nucleotidsequenzen, z. B. für die Nitrogenase-Untereinheiten, weitgehend aufgeklärt.

Die Pionierarbeiten wurden mit dem freilebenden N_2-Fixierer *Klebsiella pneumoniae* durchgeführt (DIXON et al. 1987), und das war ein Glücksfall, denn nur selten liegen wie dort die Gene für die verschiedenen Funktionen (katalytische und regulatorische) für den gesamten N_2-Fixierungsprozeß so eng beieinander (Abb. 16). Danach war es möglich, die einzelnen isolierten Gene als genetische Sonden für die analogen Gene in anderen N_2-fixierenden Mikroorganismen zu benutzen. So wurden überall die Strukturgene K, D, H für die Nitrogenase gefunden, lokalisiert, isoliert, sequenziert und die Regulation ihrer Genexpression studiert. Regulatorische Funktionen während der Biogenese der Nitrogenase konnten anderen Genen zugeordnet werden (O, B, M, V, S, U, N, E). Diese ganze Gruppe von 17 Genen, die an Struktur und Funkion des multimeren Enzyms direkt oder indirekt beteiligt sind und im Chromosom von *Klebsiella* in einem Cluster nebeneinander liegen, wird als *nif* Operon bezeichnet. Es besteht in einem komplexen Regulon aus 8 Transkriptionseinheiten (DIXON et al. 1987). Das ist aber nicht überall so, die Natur variiert.

Bei den Rhizobien-Arten unserer Kulturpflanzen, z. B. Luzerne, Klee oder Soja, liegen diese *nif*-Gene in ringförmigen extrachromosomalen DNA-

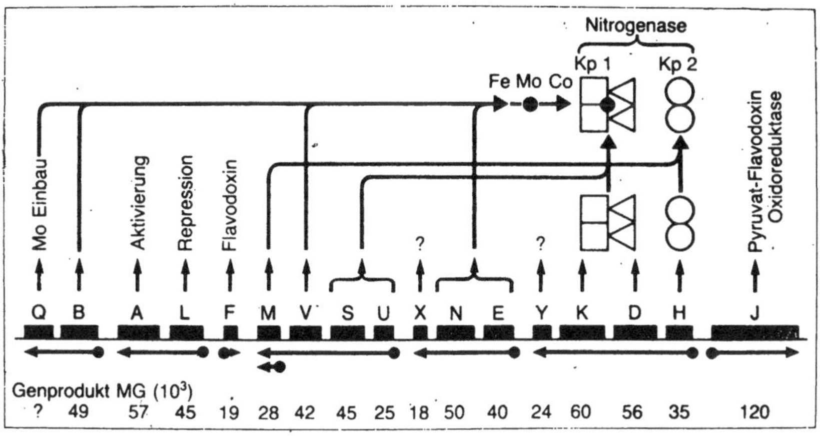

Abb. 16. Genkarte des *nif*-Operons von *Klebsiella pneumoniae* (Aus WERNER 1987). Die Gene K, D, H repräsentieren die Strukturgene für die Nitrogenase, F und J die Strukturgene für die Elektronentransportproteine, alle übrigen sind an der Biogenese oder Funktion der Nitrogenase (Kp 1 u. Kp 2) beteiligt. Die horizontalen Pfeile zeigen die Transkriptionsrichtungen, die vertikalen Pfeile Genfunktionen an

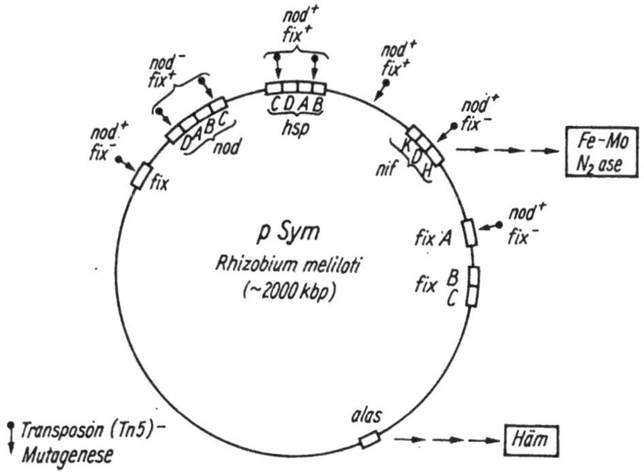

Abb. 17. Schematische Darstellung der Anordnung von Genen für die N_2-Fixierung (*nif*, *fix*), Knöllchenbildung (*nod*), Wirtsspezifität (*hsp*), Hämsynthese (*alas*) im Megaplasmid pSym von *Rhizobium meliloti*. kpb = 10^3 Basenpaare; weitere Erklärungen im Text. Nach KONDOROSI and KONDOROSI (1986) verändert

Strukturen, Plasmiden, von etwa 20000 Basenpaaren Länge vor. Ein solches Megaplasmid (Abb. 17) enthält unter den ca. 100 Genen neben den Strukturgenen für die Nitrogenase (*nif*-Gene) auch solche regulatorischer Funktion in der N_2-Bindung (*fix*-Gene), für wirtsspezifische Infektionsaktivität (*hsp*-Gene) oder für die Knöllchenbildung (*nod*-Gene = Nodulationsgene, nicht zu verwechseln mit den bereits erwähnten Nodulin-Genen des Wirtszellgenoms). Nodulationsgene sind für die Knöllchenausbildung erforderlich.

Die Lokalisierung dieser mit N_2-Fixierungsvermögen der Knöllchenbildung korrelierbaren Gene auf dem Plasmid wird mit Hilfe von ortsspezifischen Insertions- bzw. Deletionsmutationen festgestellt. Man kann bestimmte DNA-Stücke, Transposons, gezielt an Stellen ins Plasmid einschieben, wo sich z. B. Gene für Enzyme befinden. Die Nucleotid-Sequenz eines solchen Gens wird dadurch unterbrochen; infolgedessen wird das Genprodukt, ein bestimmtes Enzym, nicht gebildet, was an der fehlenden Aktivität nachzuweisen ist. Die jeweiligen Mutationsorte werden durch Plus und Minus gekennzeichnet. In der Abbildung 17 heißt *fix*$^+$ *nod*$^-$, daß eine Stickstoff fixierende, aber zur Knöllchenbildung unfähige Mutante des *Rhizobiums* vorliegt.

Die Aufklärung von Gen- und Genomorganisation hat auch im Bereich der N_2-Fixierung interessante Ausblicke für das Verständnis von Regulationsvorgängen eröffnet. Hier mögen nur zwei interessante Beispiele erwähnt werden.

Die fadenförmige Blaualge *Anabaena* enthält zwischen normalen, autotrophen Zellen auch nicht-grüne spezialisierte Zellen, die allein zur N_2-Bindung der Organismen beitragen, gewissermaßen als anaerobe „Stickstoff-Fabriken" fungieren. Diese Heterocysten entstehen wie die autotrophen Zellen aus vegetativen Zellen der gleichen Genomorganisation, wobei das *nif* D-Gen durch ein 11 kbp langes DNA-Stück unterbrochen in zwei Teilen vorliegt. Während des Zelldifferenzierungsvorgangs wird dieses Insertionselement herausgelöst durch eine spezifische Rekombination kurzer DNA-Sequenzen an den Rändern zum Insert. Durch das Herausschneiden wird die codierende Sequenz des Gens D als Transkriptionseinheit wiederhergestellt, was mit einer Fähigkeit zur N_2-Fixierung in den sich morphologisch differenzierenden Heterocysten einhergeht (HASELKORN et al. 1987).

Die Ausprägung der *nod*-Gene in *Rhizobium* und damit der Knöllchenbildung wird auf der Transkriptionsebene durch kleinmolekulare Signale ausgelöst, Flavone wie Luteolin, die von der Wurzel der Wirtspflanze abgegeben werden (ROLFE 1987). Der ganze Vorgang konnte jetzt molekular aufgeklärt werden: Luteolin als Induktor bindet an ein Protein, das wiederum spezifisch an der „*nod*-box" im 5'-Promoterbereich, der für die Nodulationsvorgänge verantwortlichen Genstrukturen (etwa 10 Gene) assoziiert vorliegt. Das genannte Protein ist ein Genprodukt von *nod* D; seine Anwesenheit in der „*nod*-box" des Promoters moduliert die Bindung der RNA-Polymerase an die DNA und damit die Transkription der nachfolgenden Nodulations-Strukturgene A, B,

C, E, F, H. Es ist wahrscheinlich, daß das D-Protein nach der Flavonbindung Konformationsänderungen erleidet, die seine Bindungsaffinität zum Promoter (*nod*-box) verändert, wodurch D zum Aktivator für die Transkription der *nod*-Gene wird. Die beteiligten DNA-Sequenzen wurden durch Deletionsmutationen sowie Sequenzanalysen und immunologische Methoden ermittelt (FISHER et al. 1987).

Die Kenntnis der Genstrukturen nützt aber nicht nur dem Verständnis von Regulationsvorgängen, z. B. dem An- und Abschalten der Synthese und Funktion der Nitrogenase, sondern ist auch Voraussetzung für eine denkbare Übertragung solcher *nif*-Gene in die Genome anderer Kulturpflanzen. Genübertragung und damit die Herstellung transgenischer Pflanzen mit voraussagbaren Eigenschaften machen heute keine prinzipiellen Schwierigkeiten mehr, wenngleich vor euphorischen Erwartungen zu warnen ist; denn man beherrscht heute zwar die Übertragung und meist auch die phänomenologische Ausprägung einzelner, wirkungsmäßig gut charakterisierbarer Gene, nicht jedoch die durch genetische Komplexität mehrerer Operons festgelegte Ausprägung eines komplizierten physiologisch-biochemischen Vorgangs wie z. B. der Photosynthese. Zwischen beiden Aufgaben liegen gentechnische Welten (s. S. 33).

Damit komme ich zum letzten Teil, den durch den Menschen beeinflußbaren perspektivischen Möglichkeiten und Grenzen der optimalen Nutzung einer verbesserten biologischen Stickstoff-Fixierung.

7. Perspektiven und Grenzen der biologischen N_2-Fixierung

Hier ist zu unterscheiden zwischen, erstens, einer Verbesserung oder Optimierung von bereits bestehenden N_2-Fixierungssystemen und zweitens, einer gentechnischen Übertragung des N_2-Fixierungsprinzips in die wichtigsten Kulturpflanzen, vor allem Getreide.

Im ersten Komplex gibt es eine Reihe von Ansatzpunkten, die eine Veränderung regulatorischer Prinzipien bei der N_2-Bindung oder -Verwertung bezwecken. So gilt die Fixierungskapazität der bestehenden symbiontischen Systeme als noch nicht ausgeschöpft. Ammonium-Ionen beeinflussen die N_2-Fixierung negativ und verhindern eine Ertragssteigerung. Da die meisten genetischen Kontrollmechanismen in den Regulationsbereichen der Gene wirksam sind, könnten sie durch Züchtung oder Genmanipulation positiv verändert werden. Aber das ist ein noch weites Feld. Leichter sollte es möglich sein, die heutigen Erträge von Leguminosen durch zusätzliche dosierte Stickstoffdüngung weiter zu erhöhen. — In vielen Fällen dürfte das Energieangebot der Pflanzen ein begrenzender Faktor sein. Durch Erhöhung der Photosynthesekapazität, wiederum züchterisch durch Verbesserung der Photosyntheseleistung oder physiologisch durch optimierte Ausnutzung des CO_2-Gehaltes, des Wassers etc. könnten Pflanzen vermehrt Energieäquivalente den Wurzelknöllchen zuführen. — Schließlich erscheint die Eliminierung der ATP-verbrauchenden Hydrogenase-Aktivität als ein aussichtsreiches Mittel, die N_2-Reduktionskapazität der Bakteroide um bis zu 30% zu erhöhen. Hier gibt es erste Erfolge mit *hup*$^+$-Mutanten, das sind Rhizobien, die ein „hydrogen uptake"-System entwickelt haben, das die Rücknutzung des gebildeten Wasserstoffs zur Energiegewinnung gestattet.

Eine ganz andere, oben bereits angedeutete Blickrichtung ergibt sich von chemischer und physikochemischer Seite, wenn es gelingt, das energieaufwendige HABER-BOSCH-Verfahren so zu variieren, daß Stickstoff unter Normaldruck und Raumtemperatur reduziert wird. Dazu wären entweder stabilisierte (O_2-unempfindliche?) biologische Katalysatoren notwendig oder neuartige Metall-N_2-Komplexverbindungen, wofür es Modelle gibt (FISCHLER und KOERNER VON GUSTORF 1975, NEWTON 1987). Wenn solche Systeme die notwendige Energie aus Solarzellen oder billiger hydroelektrischer Kraft beziehen könnten, wären kleinformatige chemische N_2-Reduktionsstätten eine vorzügliche Lösung zur Stickstoffversorgung besonders für die Entwicklungsländer.

Es gibt auch ziemlich abstrus erscheinende, doch rechnerisch ernst zu nehmende Überlegungen, Getreide zu verbrennen, um die Energie für die technische Stickstoffdüngerproduktion zu sichern, dabei fossile Energieträger einzusparen und das leidige CO_2-Problem der Atmosphäre zu vermindern: Bei Verbrennung von 1 kg Getreide fallen 16 MJoule Energie an, aus einer Dezitonne Getreide mithin soviel, daß durch das HABER-BOSCH-Verfahren 26 kg Ammoniak produziert werden könnten. Aus 50 dt Korn, deren Erzeugung auf einem Hektar 128 kg NH_3, bedarf, entsteht Energie für die Erzeugung von 1300 kg NH_3, woraus im Recycling nur 10% für die Regeneration der Energiequelle Getreide gebraucht würde (ISERMANN, pers. Mitt.).

Einige Forscher sehen in der Erhöhung des N_2-Gehalts in der Rhizosphäre der Wurzeln durch freilebende N_2-fixierende Bodenbakterien eine Optimierungsmöglichkeit. So wurden *Klebsiella*-Mutanten erzeugt, in denen der Weg von NH_3 zum Glutamat blockiert ist und die Ammoniak in das umgebende Medium ausscheiden. Auch die Übertragung der *nif*-Gene aus den hocheffizienten *Rhizobium*-Stämmen in wenig produktive Stämme von assoziativ mit Getreidewurzeln vergesellschaftete Bodenbakterien (z. B. *Azospirillum*) liegt in dieser Blickrichtung (KLINGMÜLLER 1982), denn auch diese enthalten große, manipulierbare Plasmide. Die Methode der Wahl ist die Herstellung von Protoplasten aus N_2-fixierenden und nicht fixierenden Organismen und die Verschmelzung derselben zu Zellchimären, die wachsen und sich zu teilen vermögen. Erst kürzlich ist es auf diesem Wege gelungen, eine neue Actinomyceten-Zellhybride aus *Frankia* und einem Streptomyceten herzustellen

(PRAKASH und CUMMINGS 1988). Es ist verständlich, daß die erforderlichen verwandtschaftlichen Ähnlichkeiten der Organismen enge Grenzen setzen.

Bemühungen, die Sonnenenergie durch photosynthetisch aktive (autotrophe) N_2-Fixierer direkt zu nutzen, sind nicht zu übersehen. In erster Linie denkt man daran, Cyanobakterien (Blaualgen) mit Zellkulturen höherer Pflanzen zu koppeln, wobei allerdings Genübertragung erst fernere Bedeutung eingeräumt wird. Dennoch gehen solche Schritte in die Richtung des genannten zweiten Komplexes zukünftiger verbesserter biologischer N_2-Fixierung.

Dieser zweite, direktere Weg, ein Wunschtraum der Landwirtschaft, besteht in einer Übertragung des N_2-fixierenden Prinzips z. B. aus den Knöllchen der Leguminosen in Getreidepflanzen selbst. Vergleicht man die Produktionsanteile der sieben Säulen der „grünen Weltwirtschaft" (BRÜCHER 1982), dann ernährt sich die Erdbevölkerung zum überwiegenden Teil von Getreiden wie Weizen, Mais, Reis; Soja als wichtigste Leguminose folgt erst an siebenter Stelle. Fraglos könnte die Übertragung der symbiontischen N_2-Fixierung in andere Nutzpflanzen (Getreide) das Welternährungsproblem lösen, aber die Natur hat hohe Hürden gesetzt, von denen die wesentlichen aufgelistet seien:

— Es wäre eine genetische Manipulation beider Symbiosepartner, der Pflanze und der Bakterien, notwendig, da das enge und fein abgestimmte metabolische und biogenetische Wechselspiel der Partner, das im Zuge einer sehr langen Co-Evolution sich herausgebildet hat, eine Voraussetzung für das Funktionieren des ganzen Systems ist.

— Die genetischen Strukturen der Prokaryoten sind in einer Weise organisiert, die von den Pflanzenzellen nicht „verstanden" wird. (Wenn man davon ausgeht, daß die Genübertragung z. B. mittels eines Ti-Plasmids geschieht, der die Fremdgene nur in das Kerngenom der Wirtszelle inkorporiert.)

— Im Falle positiver Genübertragung und -ausprägung würde die Wirtspflanze mit zusätzlichen Energieanforderungen konfrontiert werden, auf die sie wahrscheinlich nicht eingerichtet ist. Es käme zur Ertragsminderung, nicht zur erhofften Steigerung.

— Schließlich stellt die extreme Sauerstoffempfindlichkeit der Nitrogenase ein nahezu unlösbares Problem für die Ausprägung und Funktion übertragener *nif*-Gene in eine normale Pflanzenzelle dar. Es müßte in einem komplizierten Co-Transfer auch das genetische System zur Ausbildung der Schutzfunktion für die Nitrogenase (Leghämoglobin etc.) übertragen werden.

Diese Argumente sprechen trotz der großen gentechnischen Fortschritte der letzten Jahre gegen ein erfolgreiches Gelingen dieses „Jahrtausendprojekts" durch die nächsten Wissenschaftlergenerationen. Skepsis ist durchaus am Platze gegenüber unkritischen Prognosen, die immer wieder vorgestellt werden. Mit geradliniger, gezielter Pflanzenzüchtung oder altbewährter Gründüngung bleibt der Landwirtschaft das auf künstlichen Stickstoff-Dünger zugeschnittene Hemd zunächst näher als der Rock.

Dennoch wird in der Welt mit unverminderter Intensität an der tieferen Erforschung der HELLRIEGELschen Beobachtung gearbeitet, vorangetrieben von der Neugier des forschenden Menschen in einem erregend-frustrierenden Spannungsfeld, wie es nur die Naturwissenschaften bieten: Jede mühsam geöffnete Tür gibt den Blick frei zu Räumen mit neuen, noch verschlossenen Türen. Doch wir sollten nicht vergessen, daß in den vergangenen 100 Jahren viele Türen geöffnet und viele Räume durchschritten wurden.

8. Literatur

ANOLLÉS, G. C., and G. FAVELUKES: Host-symbiont specificity expressed during early adsorption of *Rhizobium meliloti* to the root surface of alfalfa. Appl. Environm. Microbiol. **52**, 377–382 (1986).

APPLEBY, C. A.: Leghemoglobin and *Rhizobium* respiration. Ann. Rev. Plant. Physiol. **35**, 443–478 (1984).

BRÜCHER, H.: Die sieben Säulen der Welternährung. Verl. W. Kramer, Frankfurt a. M. 1982.

BRUNCHORST, J.: Über die Knöllchen an den Leguminosenwurzeln. Ber. dtsch. Bot. Ges. **3**, 241–257 (1885).

DIXON, R. A., S. AUSTIN, M. BUCK, M. DRUMMOND, S. HILL, A. HOLTEL, S. Mac FARLANE, M. MERRICK, and S. MINCHIN: Genetics and regulation of nif and related genes in *Klebsiella pneumonia.* Phil. Trans. Royal Scoc. Lond. B **317**, 147–158 (1987).

EISBRENNER, G., and H. J. EVANS: Aspects of hydrogen metabolism in nitrogen-fixing legumes and other plant-microbe associations. Ann. Rev. Plant Physiol. **34**, 105–136 (1983).

FISHER, R. F., H. L. BRIERLEY, J. T. MULLIGAN and S. R. LONG: Transcription of *Rhizobium meliloti* nodulation genes. Identification of a *nod* D transcription initiation site in vivo and in vitro. J. Biol. Chem. **262**, 6849–6855 (1987).

FISCHLER, J., and E. KOERNER VON GUSTORF: Chemische und biologische Aspekte der Fixierung und Reduktion des molekularen Stickstoffs. Die Naturwissensch. **62**, 63–70 (1975).

FRANK, B.: Ueber die auf Wurzelsymbiose beruhende Ernährung gewisser Bäume durch unterirdische Pilze. Ber. dtsch. bot. Ges. **3**, 128–145 (1885).

FRANK, B.: Über den gegenwärtigen Stand unserer Kenntnisse der Assimilation elementaren Stickstoffs durch die Pflanze. Ber. dtsch. bot. Ges. **7**, 234–247 (1889a).

FRANK, B.: Über die Pilzsymbiose der Leguminosen. Ber. dtsch. bot. Ges. **7**, 332–346 (1889b).

FRITSCHE, W.: Die symbiontische Luftstickstoffbindung vor 100 Jahren von Hermann Hellriegel entdeckt. Wiss. u. Fortschr. **36**, 316—318 (1986).

GUSSIN, G. N., C. W. RONSON, and F. W. AUSUBEL: Regulation of nitrogen fixation genes. Ann. Rev. Genet. **20**, 567—591 (1986).

HASELKORN, R., J. W. GOLDEN, P. J. LAMMERS, and M. E. MULLIGAN: Rearrangement of *nif* genes during cyanobacterial heterocyst differentiation. Phil. Trans. Royal Soc. Lond. B **317**, 173—181 (1987).

HELLRIEGEL, H.: Bemerkungen zu dem Aufsatz von B. Frank „Über den Einfluß, welchen das Sterilisieren des Erdbodens auf die Pflanzen-Entwicklung ausübt." Ber. dtsch. bot. Ges. **7**, 131—137 (1889).

HELLRIEGEL, H., und H. WILFARTH: Untersuchungen ueber die Stickstoffnahrung der Gramineen und Leguminosen. Z. d. Vereins d. Rübenzucker-Industrie d. Dtsch. Reiches, Berlin 1888.

ISERMANN, K.: Quantitative und qualitative Aspekte des Energiebedarfs bei Ernährung der Kulturpflanzen mit technisch, atmosphärisch und biologisch fixiertem Stickstoff. Biol. Rdsch., im Druck (1988).

KLINGMÜLLER, W. (Ed.): *Azospirillum* — Genetics, Physiology, Ecology. Experientia Suppl. **42**, 1—149 (1982).

KONDOROSI, E. and A. KONDOROSI: Nodule induction on plant roots by *Rhizobium*. Trends Biochem. Sci. **11**, 296—299 (1986).

LUGTENBERG, B. (Ed.): Recognition in Microbe-Plant Symbiotic and Pathogenetic Interactions. Springer, Berlin—Heidelberg—New York—London, Paris, Tokyo 1986.

MÜNTZ, K.: Symbiotic nitrogen fixation of legumes: Discovered 100 years ago — what do we know at present. Biol. Zentralbl. **106**, 547—567 (1987).

NEWTON, W. E.: New, man-made N_2-fixing systems. Phil. Trans. Royal Soc. London B **317**, 259—277 (1987).

ORTH, A.: Hermann Hellriegel. Ber. dtsch. bot. Ges. **14**, (25)—(37) (1896).

PRAKASH, R. K., and B. CUMMINGS: Creation of novel nitrogenfixing actinomycetes by protoplast fusion of *Frankia* with streptomyces. Plant Mol. Biol. **10**, 281—289 (1988).

PARTHIER, B.: Die biologische Fixierung des atmosphärischen Stickstoffs. Biol. Rundschau **16**, 345—364 (1978).

PARTHIER, B.: Die cytologische Symbiose am Beispiel der Biogenese von Zellorganellen. Sitzungsber. Sächs. Akad. Wiss. Leipzig, Math.-nat. Kl. **114**, 1—29 (1981).

PARTHIER, B.: Cytosymbiosen: Von *Chloronium mirabile* zum Gentransfer. Nova Acta Leopoldina N. F. **63**, Nr. 271 (im Druck (1989).

PUEPPKE, S. G. and M. C. HAWES: Understanding the binding of bacteria to plant surfaces. Trends Biotechnol. **3**, 310—313 (1985).

PÜHLER, A. (Ed.): Molecular Genetics of the Bacteria-Plant Interaction. Berlin—Heidelberg—New York—Tokyo. Springer 1983.

QUISPEL, A. (Ed.): The Biology of Nitrogen Fixation. Amsterdam—Oxford—New York. North-Holland-Elsevier 1974.

ROBERTS, G. P., and W. J. BRILL: Genetics and regulation of nitrogen fixation. Ann. Rev. Microbiol. **35**, 207—235 (1981).

ROBSON, R. L., and J. R. POSTGATE: Oxygen and hydrogen in biological nitrogen fixation. Ann. Rev. Microbiol. **34**, 183–207 (1984).

ROLFE, B. G.: Flavones and isoflavones as inducing substances of legume nodulation. Biofactors **1**, 3–10 (1988).

SCHUBERT, K. R.: Products of biological nitrogen fixation in higher plants: Synthesis, transport, and metabolism. Ann. Rev. Plant Physiol. **37**, 539–574 (1986).

SHAH, V. K., R. A. UGALDE, J. IMPERIAL, and W. J. BRILL: Molybdenum in nitrogenase. Ann. Rev. Biochem. **53**, 231–258 (1984).

SHANMUGAM, K. T., F. O'GARA, K. ANDERSEN, and R. C. VALENTINE: Biological nitrogen fixation. Ann. Rev. Plant Physiol. **29**, 263–276 (1978).

SITTE, P.: Zellen in Zellen: Endocytosymbiose und die Folgen. Verhandl. Ges. Dtsch. Naturf. Ärzte **114**, 431–446 (1987).

SITTE, P. and P. HANSMANN: Cytosymbiosis. Progr. Botany **48**, 30–55 (1986).

SZALAY, A. A., and R. P. LEGOCKI (Eds.): Advances in Molecular Genetics of the Bacteria-Plant Interaction. Cornell Univ. Publ. Ithaca, N. Y. 1985.

TURGEON, B. G., and W. D. BAUER: Ultrastructure of infection-thread development during the infection of soybean by *Rhizobium japonicum*. Planta **163**, 328–349 (1985).

VERMA, D. P. S., and T. HOHN (Eds.): Genes Involved in Microbe-Plant Interactions. Springer-Verl. Wien und New York 1984.

WERNER, D.: Pflanzliche und mikrobielle Symbiosen. Thieme, Stuttgart–New York 1987.

WORONIN, M.: [zitiert nach BRUNCHORST 1885] Mem. de l'acad. de St. Petersbourgh ser. **7**, 1–13 (1866).

Nach Fertigstellung des Manuskripts erschienen in Buchform die Beiträge zum 7. Internationalen Stickstoff-Kongreß in Köln (13.–20. 3. 1988). Hierauf wird zur Kenntnisnahme des neuesten Standes auf dem sich expandierenden Feld der Forschung verwiesen:

BOTHE, H., F. J. DE BRUIJN, W. E. NEWTON (Eds.): Nitrogen Fixation: Hundred Years After. Fischer, Stuttgart–New York 1988.

Bei Fragen zur Produktsicherheit wenden Sie sich bitte an:
If you have any questions regarding product safety,
please contact:

Walter de Gruyter GmbH
Genthiner Straße 13
10785 Berlin
productsafety@degruyterbrill.com